有问必答

YOUWEN BIDA

宇宙大探秘

YUZHOU DA TANMI

知识达人 编著

成都地图出版社

图书在版编目（CIP）数据

宇宙大探秘 / 知识达人编著 . — 成都 : 成都地图出版社 , 2017.1（2021.7 重印）
（有问必答）
ISBN 978-7-5557-0495-9

Ⅰ . ①宇… Ⅱ . ①知… Ⅲ . ①宇宙－少儿读物 Ⅳ . ① P159-49

中国版本图书馆 CIP 数据核字 (2016) 第 213165 号

有问必答——宇宙大探秘

责任编辑： 向贵香
封面设计： 纸上魔方

出版发行： 成都地图出版社
地　　址： 成都市龙泉驿区建设路 2 号
邮政编码： 610100
电　　话： 028 - 84884826（营销部）
传　　真： 028 - 84884820

印　　刷： 固安县云鼎印刷有限公司
（如发现印装质量问题，影响阅读，请与印刷厂商联系调换）

开　　本： 710mm × 1000mm　1/16
印　　张： 8　　**字　　数：** 160 千字
版　　次： 2017 年 1 月第 1 版　　**印　　次：** 2021 年 7 月第 4 次印刷
书　　号： ISBN 978-7-5557-0495-9

定　　价： 38.00 元

前言

在每个人的生活中，都充满了很多很多的“小问号”，而又正是这一个个小问号，构成了人生的历程。

小孩子对周围世界充满了好奇，对知识也有着无限的渴求，脑袋里充满了更多更多的“小问号”。当孩子睁着大眼睛问“为什么长颈鹿的脖子会这么长？”时，你也许能脱口而出，那是因为你知道。但是，还有很多问题或许你也不能给出准确的解释，怎么办？这需要查找资料，以便给孩子准确的答案。

为此，我们特地从生活中的小事物、小环节入手，精心编制了这本《宇宙大探秘》，目的是帮助家长们解答孩子们的那些“小问号”。

我们真心地希望这套《有问必答》能成为孩子打开智慧之门的钥匙，帮助孩子开启智慧之窗的大门。

目录

目录

目录

花草天地

地球上的日期是怎么计算的？

地球上每个地方都有自己的时间，那么世界各地的人们是怎么把时间统一起来的呢？

我们可以在世界地图上找到答案。在太平洋上有一条线，叫做国际日期变更线。这是一条假想的线，从北极开始，经过白令海峡，穿过太平洋，一直到南极为止，在地球上 180 度经线附近。

地球上年月日的起算，就从这条国际日期变更线开始，每一个新日期从这里开始，绕地球一周，也到此结束。

世界真奇妙

在太平洋上行走的船只，在穿过国际日期变更线后，就要改变原有的日期。

有了国际日期变更线，世界各地的人们就不会因为不同计算方法而造成混乱了。

为什么报时要强调“北京时间”？

在收听广播的时候，我们常常能听到这样的话：“现在是北京时间……”那么，“北京时间”真的是北京当地的时间吗？

其实并不是这样的。根据地球上用经度划分的 24 个时区，北京在东八区。东八区 15 度经线范围内的时间，都采用东经 120 度经线的标准时间。北京也一样，虽然北京的地理经度是东经 116.3 度，但为了在我国方便使用，我们就把东八区的区时称为北京时间。

轻松考考你

我国幅员辽阔，从东到西横跨5个地域时区，为了方便全国人民的生活和工作，大多数地区都采用北京时间作为标准时间。

那你会看手表上的时间吗？

为什么二月份只有28天？

公元前46年，罗马统帅恺撒制订的阳历规定了每年12个月，单月是大月，31天；双月是小月，30天。可这样一来，一年就变成了366天，从哪里减去一天呢？于是，恺撒就从执行死刑的2月里减去一天，把2月变成了29天。

恺撒死后，奥古斯做了罗马的统治者。他把8月改成了大月，后面的月份也随之发生了变化。但是，这样又多出了一天。于是不吉利的2月又被减掉了一天。所以，2月一般只有28天了。但是每隔四年一次的闰年，2月就不是28天。

世界真奇妙

奥古斯发现恺撒生于7月，7月是大月，而自己生于8月，8月是小月，为了维护自己的尊严，他把8月也改成了大月。

地球是怎么划分南、北半球的？

人类居住的地球被分为南半球和北半球，你知道这是怎么划分出来的吗？

原来，人们根据自然规律，以纬度为0度的赤道把地球分为南北两部分，因为那里与南北两极的距离是相等的，从赤道向北度量的纬度叫北纬，向南的叫南纬，南北纬各有90度。赤道处的地心引力最小，自转速度最快，在赤道以南约2千米处有标注精确的赤道线，还有赤道纪念碑呢。

轻松考考你

赤道的半径大约为6378.2千米。站在赤道上，人会留下影子吗？

为什么北半球冬、夏昼夜长短不一？

我们都知道，地球一边围绕地轴自转，一边围绕太阳公转。地球绕太阳公转的轨道是一个椭圆形，长短直径有所差异。

随着地球的转动，太阳的直射点就在地球的赤道两侧北回归线和南回归线之间移动。当太阳直射点落在南半球时，太阳光就斜射在北半球上。北半球接受的光和热减少了，就进入了冬季。这时，一天中太阳光照到北半球的时间减短，黑夜就延长。相反，当太阳直射点落在北半球时，北半球就进入了夏季，黑夜就缩短了。

轻松考考你

地球自转轴和公转轨道面，始终保持着66度34分的倾斜角度。

北回归线在北纬23度26分，那么南回归线在南纬多少度多少分呢？

为什么北极半年白天半年黑夜？

在离我们很远的北极，有一个奇特的现象：那里有半年的时间一直是白天，有半年的时间一直是黑夜。为什么会出现这种现象呢？

这是因为春分到秋分这半年中，太阳会直射北半球，不管地球怎样自转，北极总是在阳光照耀下，太阳一连几个月不落，所以就形成了长达半年的白天；而秋分到春分这半年里，太阳直射点会移到南半球，所以，北极地区阳光不能照射，就有半年时间处在黑夜了。

轻松考考你

南极也有半年是白天，半年是黑夜，时间和北极刚好相反。

你知道北极生活着哪些动物吗？

为什么南极的温度那么低?

南极是世界上温度最低的大陆，一直被人们称为“寒极”。南极的温度为什么会那么低呢?

原来，造成南极低温的根本原因是南极大陆被海洋包围着，冰雪将80%的太阳辐射全都反射掉了，使得整个南极的热量不足，成为了永久性冰封雪覆的大陆。

南极一年只有冬、夏两个季节。每年的4月~10月为冬季，11月~次年3月为夏季。

南极沿海地区夏季月平均气温在0℃左右，内陆地区为-15℃~-35℃；冬季沿海地区月平均气温在-15℃~-30℃，内陆地区为-40℃~-70℃。

世界真奇妙

南极的气温随纬度与海拔的升高而下降。苏联在南极地区海拔最高（3600米）的科学考察站“东方站”记录到的南极最低气温为-88.3℃。

世界真奇妙

任何物质都可以根据内部的元素或细胞测定出它们的年龄。

现在人类发现了许多在中生代末期灭绝的恐龙化石，这可以帮助我们更多、更准确地了解地球。

怎么推算地球的“年龄”？

地球是我们共同的家园，大家都亲切地称呼它为“地球妈妈”。我们的地球妈妈究竟有多大了呢？说出来，一定吓你一跳，地球妈妈现在的年龄大约是50亿岁，这是科学家们经过认真科学的研究推算出来的。

科学家们通过对地球内部放射性元素和它蜕变生成的同元素进行研究，发现它们所需要的时间是固定的，所以只要测出岩石中的铀和铅的比例，就知道了岩石的年龄，从而推算出地球妈妈的年龄。

地球上的水会用完吗？

地球71%的表面积都被水覆盖着，其中97.5%是咸水，2.5%是淡水。这么多的水，会用完吗？海洋里有那么多的水，我们可以食用吗？

人类生产、生活使用的是淡水。70%的淡水冻结在南极和格陵兰的冰雪中，其余大部分来自土壤或是深层地下水，难以开采供人类使用；江河、湖泊、水库及浅层地下水等较易开采供人类直接使用的，其数量不足世界淡水的1%，只占地球上全部水资源的0.007%。按1995年的世界人口计算，每人每年可获得的平均水量为7300立方米。由于世界人口不断增加，到2009年，这一平均数已较1970年下降了近40%。因此，珍惜宝贵的水资源，保护生态环境，减少不必要的浪费尤为重要。如果不爱护环境，大量污染水资源，随着人口的增加，就会人为地造成水资源枯竭。

地球气候变暖有什么坏处？

由于人类大量使用煤、石油、天然气等矿物能源，使大气中的二氧化碳含量猛增，二氧化碳含量的增加就会使地球变得过于暖和。如果按现在的增加速度来推算，到 2030 年，地球上平均气温将会比现在升高 1.5℃ ~4.5℃，海水变暖膨胀，海平面将会上升 0.2~0.4 米；同时南北两极冰川融化，也会使海平面上升。因此，一些沿海地区将会被淹没，而台风、海啸、酷热等灾害将会频繁发生，给人们的生产、生活带来不利影响。

轻松考考你

植树造林，使大气中的二氧化碳被充分利用和分解，是控制全球变暖的积极的办法。气候变暖是坏事，那气候变冷是好事还是坏事呢？

什么是温室效应？

温室效应又称“花房效应”，是大气保温效应的俗称。自工业革命以来，人类过多燃烧煤炭、石油和天然气，大量排放尾气，使大气中二氧化碳等吸热性强的温室气体不断增加，大气的温室效应也随之增强。温室效应破坏正常的生态环境，使全球气候变暖、海平面升高、病虫害增加、海洋风暴增多、土地干旱沙漠化面积增大等。

海洋中的浮游生物和陆地上的森林可以吸收大量的二氧化碳。因此人类应该保护海洋生态环境，积极植树造林，减少使用一次性方便木筷，节约纸张（造纸用木材），保护我们的生态环境。

轻松考考你

温室里种出的蔬菜瓜果，和一般的蔬菜瓜果有什么区别吗？

酸雨是怎么形成的？

你听说过酸雨吗？酸雨真的是酸的吗？酸雨和一般的雨有什么区别呢？

其实，酸雨是大气被污染的一种后果。它是由汽车、工业生产、民用生活燃烧煤炭等排放出的废气和二氧化硫、氮氧化物经过“云内成雨”形成的。这些气体飘升至空中，就会和空中的水滴混合，发生氧化反应，形成酸雨滴。水滴落到地面上，就形成了酸雨。在工业密集的城市，更容易出现酸雨。

酸雨给人们的生产生活带来了很多的危害。叫它酸雨，并不是因为它有酸味，而是具有酸性特点，能破坏水和土壤的酸碱度。它要是落到鱼塘里，鱼塘里的鱼就会死亡；落到农田里，庄稼就会枯萎。酸雨具有较强的腐蚀性，对建筑物等有腐蚀作用，对人的身体健康也有危害。

干冰是冰吗？

光听名字，小朋友们也许会把干冰当做冰块。其实，干冰并不是冰，它是由无色的二氧化碳气体凝结成的。那么，干冰是怎样形成的呢？

我们把二氧化碳装在一个钢筒里，加上一定的压力后，它就会变成像水一样的液体。这时，要是再把温度降低一些，它就会变成像雪花一样的东西，这就是干冰。干冰的用途主要用作制冷剂。它最神奇的作用是“呼风唤雨”，用于人工降雨。

大家可千万不能让它与皮肤接触，干冰的温度一般为 –78.5℃，这么低的温度是会冻伤皮肤的。

轻松考考你

在常温下，干冰会直接汽化为二氧化碳，不会呈液状。

你知道在什么温度下，水才能变成冰吗？

为什么在城市里看到的星星比郊区少？

去过农村的小朋友一定会发现这样一个现象：农村的天空比城市的天空更蓝，那里看到的星星也比在城市里看到的多。这是怎么回事呢？原来，让星星“变少”的元凶就是城市中的光污染。光污染来源于居民家中的照明灯和装饰高楼大厦的灯光。它们把我们能看到的大部分地方都照亮了，所以天上的小星星就被我们忽略了。

你可别小看光污染，它不仅影响了我们看星星，还会影响天文工作者对星星的观测呢。为了不受光污染的影响，不少天文台都已经迁往高山和海岛。

轻松考考你

你知道大气污染对看星星有什么影响吗？

轻松考考你

宇宙有没有尽头呢？

什么是宇宙？

小朋友们都知道，我们居住的星球叫地球，那么地球和地球以外的地方叫什么呢？告诉你吧，它的名字叫宇宙。

宇宙可大了，宇宙的“宇”指的是无限空间，代表上下四方；“宙”指的是无限时间，代表古往今来。它是由空间、时间、物质和能量所构成的统一体，是万物的总称。宇宙当然就是无限大的了！

宇宙包括了太空中所有的恒星和行星及漂浮在空中的一切尘埃，当然也包括太阳、月亮和地球，以及地球上的一切动物、植物和事物，我们人类只是宇宙中小小的一部分。从地球发射的宇宙飞船可以在宇宙中航行，对宇宙空间、天体物质、宇宙射线等进行探测并将信号发回到地球，为科学家们的研究提供详细真实的第一手资料。

宇宙是怎样诞生的？

宇宙是个非常神奇的地方，充满了奥秘，最早提出宇宙大爆炸理论的是美国的天文学家伽莫夫，距今已经有70年了。可是，这个无穷大的宇宙是怎么诞生的呢？

学者们普遍认为，宇宙大约诞生于150亿年前的一次大爆炸。

在大爆炸中，原本挤在一起的东西向四面八方飞了出去。过了很久很久，这些爆炸的碎片又聚集在一起，形成了大大小小、形状不同的星星群，再经过漫长的演变，宇宙就这样诞生了。

世界真奇妙

将刚煮熟的鸡蛋立即放进凉水中，鸡蛋的壳就会裂开。

宇宙中还会有像人类一样的生命存在吗？

一直以来，人们认为火星上可能有生命存在，因为火星在许多地方与地球十分相似。所以人类都在试图联系外太空的生物，那么宇宙中真的还会有像人类一样的生命吗？

科学家们告诉我们，太阳系并不是银河系中唯一的行星系。在太阳系附近，还有几十颗恒星，而像太阳一样具有行星系的不会少于 10 个。只要在这些行星系中有类似于太阳那样、能够稳定地提供光和热的恒星，就能为生命的存在提供必要的条件。

所以，在浩瀚的宇宙中，完全有可能存在着像人类一样、居住在其他星球上的生命。

轻松考考你

你知道太阳系的八大行星分别叫什么名字吗？

什么是恒星?

宇宙中有很多恒星和行星。我们居住的地球是行星，而每天照耀我们的太阳则是恒星。

恒星是由炽热的气体组成，自身能够发光、发热的天体。之所以叫做恒星，是因为过去科学不发达，人们以为这些星星的位置是固定不动的。

而事实上，这些恒星也在不停地运动，它们不仅有公转和自转，还有同步运动。只是它们离地球太远了，人类几乎观察不到它们位置的变化，才会产生错误的认识。

宇宙中，运动最快的恒星，其运动速度可达到每秒 583 千米。而最亮的恒星是天狼星，它和地球的距离只有 8.7 光年。

轻松考考你

宇宙中会有方形的恒星吗？

为什么宇宙中的恒星大多是圆形的？

小朋友们，知道为什么恒星大多是圆形的吗？

地球在刚形成的时候，其成分是高温熔化的各种物质，经过自转，在万有引力作用下，它的形态就变成了圆形。

恒星和太阳一样，表面的温度非常高，达到6000℃以上，中心温度就更高了。在这么强烈的高温下，所有固态和液态物质都被晒化，因此整个星球物质都呈气体状态。

这些气体向各个方向不停地扩散着，扩散范围也是一样的。不仅如此，各部分气体还彼此吸引，相互之间的吸引力取得平衡之后，外表就成为了圆形。

太阳也是星星吗？

天上的星星要到了晚上才看得见，那么我们一整天都能看见的太阳是不是一颗星星呢？

答案是肯定的，太阳是一个星体。它是距离地球最近的恒星，大约 1.5 亿千米。从太阳上发射出来的光，只需要 499 秒就可以到达地球。

太阳是太阳系的中心天体，它的质量占太阳系总质量的 99.8%，其他八大行星、小天体、彗星等星体质量的总和只有 0.2%。太阳的引力控制着整个太阳系，使其他天体都绕着它公转。晴天通过天文仪器观察太阳，就能看见太阳周围有一圈光环。光球、色球和日冕共同组成了太阳的外层。

太阳究竟有多大？

我们用肉眼看太阳时，觉得它好像只有盘子那么大，可事实上呢？太阳的直径足足有 140 万千米，几乎是地球的 110 倍，而它的体积则是地球的 130 万倍。

太阳重 2000 亿吨，相当于 33 万个地球的质量。

如果把太阳比作篮球，那地球就只不过是粒小芝麻，因为太阳里面能装下 130 万个地球呢。而日食时，地球、月亮和太阳处在同一条直线上，月亮在太阳和地球中间，月球与地球的距离不同，会让月球被遮蔽的太阳面积有所不同，从而形成日全食、日偏食和日环食。

轻松考考你

你知道太阳和月亮哪个离地球比较近吗？

太阳有多热？

太阳公公真慈祥，每天一大早就把光放射出来，照耀着大地。大家都喜欢晒太阳，尤其是在寒冷的冬天，被暖烘烘的太阳一照，真是舒服极了。可是，太阳到底有多热呢？

人类能够直接观察到的是太阳大气层。科学家经过研究，发现太阳的表面温度高达6000℃，中心温度更是达到了约2000万℃。太阳从中心向外可分为核反应区、辐射区、对流层和大气层。太阳的热量和光都是由内部大量的氢原子核发生而产生的，针尖般大小的太阳物质发出的热量足可以把150千米外的生命烧死。

轻松考考你

“日上三竿”这句成语的含义你知道吗？

轻松考考你

你知道离地球最近的行星叫什么名字吗?

太阳能烧掉地球吗?

炽热无比的太阳和地球的距离那么近，它会不会把地球烧掉呢？这是很有可能的。

因为太阳中心的压力很大，所以内部不断发生化学反应，释放出大量的能量。再过 50 亿年，太阳的能量就会全部消耗掉。

到那时，太阳内部的燃烧圈将接近自己的半径，而燃烧过的中心部分将发生塌陷，这会让太阳散发出大量的能量，使外部急剧膨胀，成为比现在更大、更亮、更热的红巨星，因而会把附近的星球，比如地球吞没掉。据说 30 亿年以后，木星很可能会成为像太阳一样可以发光发热的恒星。

为什么太阳东升西落？

早晨，我们看见太阳从东边升起来；傍晚，我们又看见太阳从西边落下去，难道太阳真的是落到山后面睡觉去了吗？

当然不是啦！其实太阳自己并没有移动，是地球自转给人们造成太阳升落的错觉。地球一直不停地自西向东旋转着，我们就会看到太阳从东方逐渐升高，也会看到太阳从西方的地平线上落下去的自然景象。

在太阳系已知的八大行星中，绝大多数行星的自转方向都是自西向东的。第一天看到太阳升起和第二天再看到太阳升起之间间隔的时间，就是地球自转一圈的时间——24 小时。

轻松考考你

你能分辨出天空中哪颗星是牛郎星，哪颗星是织女星吗？

牛郎星和织女星相距多远？

传说牛郎和织女被分开以后，分别住在牛郎星和织女星上。他们只能在每年七夕那天，在喜鹊的帮助下，跨过银河相会一次。

其实，这是完全不可能的，因为牛郎星和织女星之间的距离大约有 16.4 光年。（光年不是时间单位，它是天文学上的一种距离单位，一光年大约等于 94，605 亿千米。）牛郎星和织女星互相打个电话也需要经过 16 年的时间呢，每年想见更是不可能的事情。所以，牛郎和织女的故事，只是古代的人编出的动人故事而已。

银河真是一条河吗？

小朋友，你听过牛郎织女的故事吗？狠心的王母为了不让这对恋人再见面，就用银河把他们隔开了。那么，银河真的是一条河吗？

事实上，银河是横跨在星空上的一条乳白色亮带，它是银河系主体在地球正面上空的投影。

晴天的夜晚，可以看到天空中一条明亮的光带，这就是银河了。银河系是由大约1000亿颗恒星组成的、呈圆饼状的恒星系统，包括太阳和地球在内的太阳系，也处在这个系统之中。银河系的直径有10万光年那么长，总体结构是银盘、核球、银核、银晕和银冕。

八大行星中哪一颗最大？

太阳系有八大行星，虽然都属于大行星，但是每个行星大小却很悬殊。

最大的是木星，直径有 14.28 万千米，相当于地球直径的 11.2 倍，体积则是地球的 1316 倍；体积最小的是水星，其体积只有地球的 0.056 倍。木星的体内差不多能装下 2 万多个水星。木星有 16 个卫星，其中的木卫一、木卫三和木卫四比大行星水星还要巨大。而且木卫三，还是太阳系 60 多个卫星中体积最大的。它比地球的卫星——月球还要大。

在我国古代把木星称为“岁星”。

轻松考考你

除了月球，地球还有别的卫星吗？

世界真奇妙

氧气并不是生物存在的唯一决定条件，有些地球上的低等生物也可以在二氧化碳为主的大气条件下生存。

为什么说火星上可能有生命?

在太阳系中，火星是与地球最相似的一个星球。火星表面的温度大约在 20℃ ~40℃之间，可能存在着水的液态形式。

火星像地球一样会自转，自转一周的时间只比地球慢 40 分钟左右，是 24 小时 37 分 22 秒。火星的自转轴，也和公转轨道面存在着与地球极为相似的角度，所以在火星上也有四季的变化。火星有大气层，成分以二氧化碳为主。也许真的有什么奇特的生命生活在火星呢。

由于火星距太阳比地球远一些，所以它绕太阳公转一周的时间也长，大约是 687 天，接近两个地球年。

为什么土星的光环亮度会变化？

在太阳系里，有一颗美丽的行星，它的名字叫土星。土星的光环很薄，厚度15~20千米，但它的宽度却达到了20万千米，至少放得下5个地球呢。

土星和别的行星最大的区别，就在于它的外面围着一圈明亮的光环，就像一条银色的项链。

土星光环的亮度常发生变化，有时很清晰，有时很模糊，有时干脆连影子都看不到，这种变化大概每隔15年左右循环一次。其实，土星的亮度变化并不是由于光环本身的变化，而是因为土星朝向地球的位置不同，我们在观察时产生了视差的缘故。

轻松考考你

地球有光环吗？

为什么地球上能有生命?

和条件艰苦的月球相比，地球上的资源真是太丰富了。这里有适合生命生存的环境：介于0℃~100℃之间的温度；适于生物呼吸的氧气；生物赖以生存的液态水。地球的引力还能使地面上的一切物体牢牢地附在它的表面，我们可以在地球上自由地行走，不会像在月球上一样，连走路都是一件非常困难的事。

另外，地球有大气层，它能保护我们不被太阳的紫外线灼伤。如果星球上缺少适宜的供生物生存的条件，这个星球上就无法存在生命。可如果其他的星球具备前面讲到的三个条件，也可以作为人类的新家。

人为什么感觉不到地球转动?

地球随时都在自转和公转，可是为什么我们感觉不到呢?难道是因为它转得太慢了吗?当然不是，地球运动的速度是相当快的。在赤道上，物体随地球自转的速度是465米/秒，而地球绕太阳公转的速度是30000米/秒。

那么，到底是什么原因让我们感觉不到地球在转动呢?

仔细想一想我们是怎么判断运动的。当汽车开动时，相对于路边的树木来说是运动的，可是在地球上，所有的事物都与我们一样，随着地球一起转动，我们根本找不到可以作为参照的静止物体证明我们发生了移动，所以我们才没有转动的感觉。

轻松考考你

想一想，太阳可以作为证明地球自转的参照物吗?

为什么月球上没有生物？

地球上有许许多多的生物，可为什么离地球不远的月球上却没有生物呢？这是因为月球上没有适合生物存在的条件。

由于没有大气层的保护，月球的气温变化很大，朝向太阳的一面能高达 140℃，而背向太阳的一面则可降到 – 140℃。温差接近 300℃，无论是人和动物都难以适应生存。

而且，月球上没有空气，这也使得靠呼吸生存的生物根本不能存活。在晴朗的夜晚仔细观望月亮，会发现一些阴影，那便是月球上的环形山。

轻松考考你

传说中月亮上有座广寒宫，谁是那里的主人呢？

轻松考考你

你能背诵一首描写月亮的诗或儿歌吗?

月亮自己能发光吗?

夜晚的月光多么明亮呀，为我们照亮了回家的路。可是小朋友们知道吗？其实月亮本身是不能发光的。

我们在夜晚看到的明亮的月光，只是太阳光照射到月亮上，再反射到地球上的光线而已。

月亮离地球有 38 万多千米，从月亮反射到地球上的太阳光经过那么长的路程，热量都被吸收了。所以，月亮不仅不发光，也不会发热。月球表面存在的冰，融化后可以作为饮水或榨取氢的原料。

月食是怎么产生的？

古时候，每当月食出现的时候，人们都以为是天狗食月，纷纷敲锣打鼓想赶走天狗，把月亮还给他们。大家都知道，到了八月十五，月亮就会变得又大又圆，可是，过不了多久，它又会慢慢变缺。这种现象叫做月食，就是月亮亏蚀的意思。

月食的产生是由于地球运行到月亮和太阳之间时，挡住了太阳射向月亮的光。这样一来，阳光照不到月亮上，月亮也就不能反射阳光了。而地球的影子落到月亮上，使它出现了黑影，就形成了月食。

月食和日食一样，也有全食和偏食的情况。月食一般发生在农历十五和之后的一两天，而且时间不会特别长。

轻松考考你

你们知道关于月食的传说都有哪些吗？

轻松考考你

把一块涂了墨汁的玻璃放在眼睛前面观看日食，这种方法正确吗？

日食是怎么产生的？

我们知道，月球围绕着地球转动，而地球又带着月球绕着太阳旋转。所以，当月球运行到地球和太阳之间，三个天体成一条直线时，月球就会把射向地球的阳光挡住，使阳光无法直接照射到地面上来。我们从地球上看太阳，太阳就像被一个黑影笼罩着一样，于是就发生了日食。

我们在观察日食时，不能直接用肉眼看，不然很可能被阳光灼伤视网膜，甚至导致永久失明。而且观察日食最长直视时间不宜超过 3 分钟。

根据太阳光线被遮挡的程度不同，日食又分为几种情形：太阳边上一部分被月球挡住叫日偏食。太阳四周没有被挡住，中央被挡住叫日环食。太阳全部被挡住叫日全食。

世界真奇妙

著名作家朱自清先生写的《荷塘月色》，可是描写月色中非常出名的文章呢。小朋友们一定要读一读。

为什么月亮不能每天圆？

弯弯的月亮，像小小的船，小小的船两头尖……月亮不是圆圆的吗？为什么它又会变成尖尖的，不能天天圆呢？

这是因为月亮本身是不发光的，它要靠太阳照射才能反射出光亮，照不到的地方就不亮。

在自转和公转的过程中，月亮和太阳、地球的相对位置每天都在发生变化，只能以不同的部分反射太阳光，所以看上去形状也就不同了。当它处于太阳与地球之间时，就是圆月；当光线被地球全部遮住时，就会发生月食。而因为反射阳光的地方不同，月亮便会出现朔、上弦、望和下弦四种形状。

月亮上能听到声音吗？

在神话故事中，月亮是一个神秘而美丽的地方。实际上，月亮是一个非常荒凉的世界。上面既没有人，也没有水和空气。

由于声波是依靠空气传播的，月亮上没有空气，声波就无法在上面传播。如果你和同伴肩并肩走在月球上，就算你用尽全力呼叫对方的名字，他也是听不到的。

也就是说，在月亮上是听不到一点声音的。因此，当登陆月球的宇航员们想要与其他队员对话时，都必须借助对讲机等现代工具。而声波是能引起听觉的振动波，一般都在空气中传播。

轻松考考你

小朋友在水里说话，别人能听见吗？

月球上有嫦娥吗？

大家听说过嫦娥奔月的故事吗？

传说月亮上有一座广寒宫，里面住着美丽的嫦娥。那么，月亮里是不是真的有嫦娥呢？这个问题在宇航员乘着宇宙飞船登上月球时，有了确切的答案：月球上没有广寒宫，也没有嫦娥！

不仅如此，宇航员们在月球上还发现了另外一种景象：在那里，只有光秃秃的环形山，没有一个有生命的事物，甚至没有空气和水，到处都是一片荒凉的景象，完全不像传说中那样美丽。据发现，月球的表面和水星表面十分相似。

轻松考考你

你能讲一讲嫦娥奔月的故事吗？

轻松考考你

你知道世界上最早记录彗星和记录资料最丰富的是哪个国家吗？

什么是彗星？

你知道哈雷彗星吗？在古代，人们总是把彗星的出现与灾难连在一起，把它叫做“扫把星”，其实这是一种错误的认识。

1682 年，英国的天文学家哈雷发现了它，于是就把这颗彗星取名为哈雷彗星。

彗星是什么样子的呢？其实，彗星本身是尘埃微粒，外貌呈独特的云雾状，是在扁平轨道上绕太阳运行的一种天体。

为什么彗星有一条长尾巴？

古时候，人们把彗星叫做“扫把星”，这是因为它拖着一条像扫把一样的长尾巴。为什么彗星会有一条长长的尾巴呢？

彗星是由石块、尘埃、冰块等组成的天体，它分为彗核、彗发和彗尾三个部分，彗核和彗发又合称为彗头。从构成来看，彗尾又分为气体彗尾和尘埃彗尾。

当彗星运行到离太阳很近的地方时，在太阳风的压力和阳光照射下，彗头外面的冰就开始变成气体，和尘埃微粒依附在一起，随着彗星快速移动，就这样形成了一条长长的彗尾。

什么是星座?

小朋友，你数过星星吗？天上的星星真多呀，真是数也数不清。不过，天上的星星虽然很多，但是它们是有一定规律的，你发现了吗？

你看，星星三三两两地组成各种图案，有的像人，有的像动物，于是古时候的人们就把天上的星星用想象中的线条连起来，有规则地区分开来，形成一个个整体，这就是我们说的星座。

现在，天空中的星座一共有 88 个。人们为自己区分出的星座都取了个形象的名字，像仙女星座、大熊星座、小熊星座等等。如果说小朋友对大熊星座还不太熟悉，

但是一说北斗七星，大家一定都知道。

看，北斗七星多像一把大勺子呀。

轻松考考你

为什么我们看不清星星的颜色呢？

世界真奇妙

火星发出红色的光芒，是因为它的表面有很多红色的氧化铁的缘故。

星星是什么颜色的？

我们看到的星星都是亮闪闪的，好像没有什么颜色，可事实上，星星有黄色、红色、蓝色和白色等颜色，这和星星表面温度的高低有关系。

温度越高，它发出的光线中蓝光的成分就越多，所以蓝色星星温度最高；白色星星的温度也很高，有上万摄氏度那么高。星星表面温度越低，它发出的光线中红光的成分就会越多，所以红色星星的表面温度只有几千摄氏度，黄色星星的表面温度也是非常低的。

轻松考考你

你知道“披星戴月”是什么意思吗？选一颗星作为观察对象，看看它在一年里是怎么变换位置的。

为什么星座会变换位置？

你知道吗？星星在天空中会自己变换位置。为什么会这样呢？

由于地球自西向东自转，所以星星每天围绕地球自东向西运动，但它们并不是在每天的同一时刻出现在地平线上，而是会提前约 4 分钟的时间。因此，在每天的同一时刻，星座的位置也在慢慢向西移动，这种移动是地球绕太阳公转的结果。

经过一年的时间，星座又回到了一年前的位置上，这正好是地球围绕太阳公转一圈的时间。

凭肉眼能看到多少颗星星?

古时候，有一个叫张衡的天文学家，他在很小的时候就想知道天上到底有多少颗星星，可是他怎么数也数不清。

现在，天文学家们把星星按亮度分为 6 个等级，一等星是最亮的星，数量大约在 20 颗左右。6 个等级加起来一共是 6974 颗星。但是我们只能看到地球周围一半的星星，所以我们能够看到的星星是 3000 多颗。而现代天文望远镜起码可以观测到 10 亿颗以上的星星。

轻松考考你

你能说出几颗星的名字?

轻松考考你

“星罗棋布”这个成语的含义你知道吗？

为什么星星不会相撞呢？

天上的星星看起来是密密麻麻的，好像距离很近一样，但实际上它们之间的距离十分遥远，而且所有的星体都受万有引力的制约，它们都有自己固定的轨道，不会盲目地横冲直撞。所以即使是在不停地运动中，星星也不会轻易地相撞。

在银河系，太阳与所有的恒星都是围绕着银河系的中心在旋转，彼此相撞的可能性也是非常小的。除去太阳，离地球最近的恒星的距离是 4.22 光年。

为什么星星会“眨眼睛”？

天空中忽闪忽闪的星星，就像是在眨眼睛一样。可事实上，星星是不会“眨眼睛”的，那么我们为什么会产生这种错觉呢？

原来，星星的光芒从遥远的外太空射向地球之前，要经过空气密度不同的大气层，在那里发生多次折射。所以，当星星的光到达地面时，就会变得模糊不清。

同时，由于热空气上升，冷空气下降，大气层中的小气流总是在不停地运动。于是，随着大气的流动，星光在射向地球时，看起来就会一闪一闪的，像在眨眼睛一样。而由于月球没有大气层，不会引起星光的反射，所以在月球上看见的星星是不会“眨眼”的。

轻松考考你

为什么我们看到的月亮不会“眨眼睛”呢？

为什么星星有的亮，有的暗？

一闪一闪的小星星真可爱。细心的小朋友一定会发现，这些可爱的小星星有的亮些，有的暗些，这是怎么一回事呢？这呀，和星体本身的大小、与地球的距离、本身发出的亮度等都有关系。

在我们看来，能量大、发出的光强烈的星，当然就是天空中比较亮的那些星，实际上这是错误的。一般来说，离我们越近的星星看上去就越亮。有些看起来非常暗的星星，甚至那些我们的肉眼根本看不见的星星，却可能是非常巨大、发光能力极强的天体。而日出以前，东方天空中出现的启明星就是特别明亮的哦。

轻松考考你

你能说出一个很亮的和一个较暗的星星的名字吗？

如何利用星星辨认方向?

如果我们在野外迷路了，应该怎么办呢？别急，我们可以利用天上的星星来辨认方向。

北斗七星常年指着向北的方向，北斗七星的七颗星在天空中排列成一个长柄勺子的形状。而距北斗七星勺头部位不远的地方，有一颗亮度与北斗七星相近的星，它高高地悬挂在北部天际，这就是北极星。

北极星是夜间辨认方向最可靠的标志。每个夜晚，星星都会从东向西移动，只有北极星原地不动，这是因为它所在的位置正是地球自转轴线北端所指的位置，处在地球北极的正上方。

世界真奇妙

仔细观察一下夜空，找一找位置不变的北极星。

星星会繁衍吗？

每天有无数的星星形成，也有无数的星星消失。所以，你知道吗，天上的星星是会繁衍的。

太空里飘荡着氢气云和宇宙的尘埃，它们紧密地结合在一起，并慢慢地运转起来。在运转的过程中，温度会变得越来越高，并向外散发热量。当达到一定温度时，整个星体就会产生热核反应，并且燃烧起来。这个时候，球体会发出耀眼的光芒，一颗新星也就正式诞生了。

在我们的银河系中，每年都要出现20颗新恒星。

轻松考考你

星星会繁衍，那么地球也会繁衍，生出小地球吗？

轻松考考你

你知道北斗星是几等星吗？

你知道六等星吗？

天文学上，按照我们的视觉能感觉到的恒星的亮度，把天上的恒星分成了 6 个星等。其中，最亮的是一等星，其次是二等星、三等星……用肉眼可以看到的最暗的恒星则是六等恒星。

划分星等的方法早在 2000 年前就有了。为了划分星等，必须测量出恒星的明亮度。一颗光亮度为 0 的恒星是非常明亮的，光亮度为 5 的恒星则刚刚能被我们看见。

事实上，明亮的恒星的光亮度是负值，比如天空中最明亮的天狼星，它的光亮度值是－1.5。

什么是流星？

有的时候，我们会看到一道白光划过晴朗的夜空，人们把它叫做流星。这些小流星可真有趣，全都拖着长尾巴在天空旅行。

其实，流星并不是星星，它是一种活动在星际空间里的小物体，在闯入大气层后，因为高速前进与大气发生强烈摩擦，燃烧并发出强光，就产生了流星现象。著名的狮子座会周期性地爆发流星雨，最多的时候，1 小时可以出现 10 万颗流星呢。

流星有大有小，大的流星跟高楼一样大，小的流星就像沙粒一样小。在地面上发现的陨石，就是与大气剧烈摩擦后没有完全烧掉的流星。

轻松考考你

你知道世界上最大的陨石是在哪个国家发现的吗？

轻松考考你

以石质为主的陨星叫陨石，那么以铁质为主的陨星叫什么呢？

陨石雨是怎么形成的？

大家都听说过流星吧？陨星是质量较大的流星。它在经过地球大气层时，与大气层撞击燃烧，没有完全烧掉而坠落到了地面上。以石质为主的陨星就叫陨石。

有时，陨星会在高空爆炸，大大小小的石块从空中散落下来，好像下“石雨”一样。于是，人们就根据这种特点，把这种现象叫做陨石雨。然而由于流星体在大气层中多数都燃烧尽了，只有体积很大的流星体才会坠落到地面上，所以陨石雨不会经常出现。

为什么在太空中会出现失重现象？

地球上的一切物体都会受到地球万有引力的作用，也就是我们常说的重力作用。

重力有一个特性，那就是它的大小会随着高度的增加而不断减小。

航天器是在地球大气层之外的遥远星际空间飞行，它离地球和其他星球都很远，在这么远的距离下，重力的作用几乎失去了，其他星球对它的引力作用也几乎没有，于是就出现了失重现象。但并不是一点重力也没有，只不过重力的作用已经非常微小，所以失重也常称为微重力。在失重环境中可以进行很多科学实验，比如培育优良农作物品种，制造纯度高的材料等。

轻松考考你

你知道我国的“航天英雄”是哪几位吗？

世界真奇妙

飞碟是指空中的不明飞行物，它会发光，速度很快，大多数呈圆形，又叫UFO。射击中用的一种靶，形状像碟，它的名字也叫飞碟。

飞碟从哪里来？

自1947年以来，地球上累计发现了上万次飞碟。但事实上，在假设外星人存在的情况下，飞碟进入太阳系的机会也是一万年才会有一次。这两个数据之间相差之大，我们基本可以把飞碟是外星来客的可能性排除。那么飞碟是什么呢？

研究飞碟现象的有关专家认为，绝大多数情况都是一些误会。这些飞碟有的是飞机，有的是气球，有的是云块、海市蜃楼，还有可能是蝴蝶群或者流星等。这其中也不排除人们心理和生理上的错觉造成的误会。

山是怎样形成的？

地球上有很多山，位于青藏高原的珠穆朗玛峰，海拔高度为 8844.43 米，是世界最高峰。这些险峻壮观的山到底是怎样形成的呢？

原来，地球的表面是由一层层岩石构成的地壳，由于地球内部的剧烈运动，有的地方地壳受到挤压，形成巨大的褶皱，突起的地方就叫褶皱山；地壳断裂后，有一部分会上升，上升的部分就形成了断层山；有的地方因地表压力降低，地球深处的岩浆会喷发出来，而这些岩浆堆积起来，就会形成火山。

所有的山都可归入这三类。

轻松考考你

你知道中国的“五岳”是指哪五座山吗？

为什么有的山峰四季都戴着“白帽子”？

你听说过日本的富士山吗？它的山顶高峰上一年四季都戴着一顶漂亮的“白帽子”，你知道这“白帽子”是哪儿来的吗？

其实有很多山峰都会出现这种情况，这是因为在地球上，海拔越高的地方就越寒冷。有些山峰海拔特别高，上面的温度自然就会很低。

雪在常年低温的山顶一年年地堆积起来，形成了不化的冰雪地带，所以从远处看，那些山峰就像戴了“白帽子”一样，其实这是一种自然现象。

轻松考考你

你知道“积年累月”这句成语的含义吗？

世界真奇妙

火山喷发时，有时会引起附近地区发生地震。从火山流出的熔岩冷却后，会变成布满小坑的浮石。

为什么火山会喷火？

火山是高温物质喷出地面后形成的锥形高地，由火山锥、火山口、火山通道组成。为什么火山会喷发呢？

这是因为地壳下面的温度非常高，在1000℃的温度下，岩石已经成为了融溶状态的岩浆，可以四处流动。这些炙热的岩浆聚集到一定的力量后，就会在地球表层压力降低、内部压力增高的情况下，从地壳的裂缝中喷出地面。火山喷发会给人们的生产、生活带来极大的危害。

为什么日本火山特别多？

火山分为活火山、死火山和休眠火山，并不是每座火山都会喷发的，世界上还有很多不会喷发的死火山。

日本著名的富士山就是一座休眠火山呢。日本国家虽小，火山却很多。温泉早闻名，迎来四方客。小朋友，你知道日本的火山为什么这么多吗？

这和日本所处的地理位置有着密切的关系。我们都知道，太平洋是火山的集中地带，在这一带分布着200多座活火山，是地球上火山活动最多、最强烈的地区。而日本的位置恰好处在它的边缘，所以才会有这么多火山。

黄土高原的黄土是从哪里来的?

我国西北地区的黄土高原是世界著名的黄土地带，那里的黄土平均厚度在 10 米以上，最厚的地方甚至超过了 100 米。这么多的黄土到底是从哪里来的呢？

经过分析，科学家们发现黄土的矿物质组成与西北地区沙砾的矿物质组成基本一致，这就证明了黄土是风从西北地区、中亚、蒙古刮来的。它们越积越多，经过漫长的时间，于是便形成了今天的黄土高原。

轻松考考你

黄土的颜色呈灰黄或黄褐色，用手搓揉容易成粉末。那你知道黄土高原主要位于我国的哪个省吗？

沙漠是怎么形成的？

沙漠是指地面完全被沙覆盖、雨水极其稀少、气候干燥、植物稀少的地区。这里昼夜温差非常大，是个非常可怕的地方。那么，沙漠是怎么形成的呢？原因有两个：干旱和风。加上滥伐森林树木、破坏草原，令地表失去了植物覆盖。

其实，很多沙漠在很早以前可能都是水草丰美、人口密集的地区，由于人口增长过快，以及不合理的开发、利用自然资源，导致自然环境恶化。当破坏性的使用致使自然界自身无力恢复时，就会使土地沙漠化，沙漠就这样形成了。

沙漠地区降水极少，昼夜温差大，最高气温可达 60℃，最低气温只有 –20℃左右，所以沙漠地区不适合人类生存。

轻松考考你

你知道世界上最大的沙漠叫什么名字吗？

你知道在沙漠里，什么最宝贵？

沙漠里波浪形的沙是怎么形成的？

宽广的沙漠中的风力是很大的。风力越大，所携带的沙粒就越多。当风速达到4.5~6.7米/秒时，可以吹动直径为0.25厘米的沙粒。达到11.4~13米/秒时，可吹动直径为1.5厘米的沙粒。一阵大风经过则能带走无数的沙粒。

当风力减弱后，沙粒又重新落下，堆积起来。一阵阵的风，忽而吹起地面上的沙粒，忽而把沙粒聚集在地面上，因为沙粒有轻重、大小的区分，聚集的地方也有远近、多少的区别，所以就形成了一个个波浪。如果不保护环境，沙漠会越来越多，就会威胁到人类的生存。所以，我们都要爱护环境哦！

为什么石头会是千奇百怪的？

石头在我们的生活中，真是随处可见。可是小朋友们发现了吗？每块石头的样子都不同。这是为什么呢？

原来，这是地壳岩石不一样的形成过程造成的。地球里灼热的岩浆喷出地面后，会凝固形成一种火成岩。水中的杂物和泥沙在水底沉淀并积压，数万年后就形成一种水成岩。它们还有另外的名字，分别叫岩浆岩和沉积岩。

这两种岩石在地热的压力下会形成变质岩。再加上每种岩石形成的场地与成分有所不同，所以石头就变成多种多样了，呈现出千奇百怪的形状。

世界真奇妙

石雕艺术可是一门历史悠久的艺术哦。有机会的话，到南京去看看雨花石吧，看看它和其他石头有什么区别。

鹅卵石是怎么形成的?

在河滩上、水渠边，到处都能看到鹅卵石。人们用它来铺路，制作混凝土……总之，它的用处可多了。那么，圆圆的鹅卵石是怎么形成的呢?

它是经过人工雕琢的结果还是大自然的产物呢?原来，石头经过水流的冲刷、石块间与河床的碰撞，使它变小、变光滑，并将石头内不同的颜色、纹路显现出美丽的图案来，就形成了鹅卵石。鹅卵石是卵石的一种，直径在40~150毫米左右。

轻松考考你

河滩上有很多鹅卵石，那么在海滩上有没有鹅卵石呢?

盆地是怎样形成的？

盆地，是指被山和高地围绕的地势。为什么地球上会形成这样奇特的盆地呢？

这主要是地壳运动造成的。我们居住的地球一共分为三部分，最外面的一层叫地壳，中间的一层叫地幔，最下面的一层叫地核。

在剧烈或缓慢的地壳运动中，地下的岩层受到挤压或拉伸，变得弯曲或产生断裂，有的地方岩石隆起，有的地方岩石下降。下降部分被隆起的地方包围，盆地就形成了。

世界真奇妙

我国的四川盆地是非常典型的盆地地势，有天府之国的美称。

四川盆地的冬天比较温暖，而夏天则比较炎热。

河水是从哪里来的？

小河流水哗啦啦，清澈的河水是人类的好朋友。你知道它们是从哪里来的吗？

这个过程可复杂了。首先，山泉水从山里涌出，顺着低洼的山谷流下，慢慢形成小溪。一条条小溪汇集起来，再加上大量的雨水和山上冰雪融化的水，就形成一条条小河。而很多条小河汇聚在一起，就会形成大江大河。

一般情况下，河流的源头都来自高山，如长江、黄河的主源头都在青藏高原的雪山上。

轻松考考你

除了长江和黄河，你还知道我国哪些河流的名字？

河流是怎么流动的？

大家都知道，地球上有无数条大大小小的河流，到底是什么力量让这么多的河流永不停息地流动呢？

其实，河流之所以会流动，主要是受到重力和地势高低变化，即坡度陡缓的影响。高度相差越大，水流就越快。

我国的地势自西向东分为三级阶梯，水是从高处流向低处的，所以，我国的大小河流大都是自西向东流。怒江、澜沧江则是由北向南流，额尔齐斯河则是由南向北流。河水流动的力量是巨大的，人类还利用这种自然力量建立了许多水力发电站呢。

世界真奇妙

在盆子里装一些水，抬高一端，水就会从低的一端流出来。

瀑布是怎样形成的？

你听说过贵州的黄果树瀑布吗？它可是我国最大的瀑布呢。

瀑布的形成，需要充足的水和较大的落差。河水在流经断层、凹陷等地区时，即高山、火山口、积湖、地壳的断层上，或者是地势高低显著、发生转折的地方，水流突然从高处跌落下来，就形成了瀑布。

山势越陡峭的地方，瀑布就会越多越大，十分壮观。

世界真奇妙

在瀑布下面，都会形成一个深潭。在阳光灿烂的日子里，瀑布周围经常会出现美丽的彩虹。

为什么有些湖泊里没有水？

湖泊是指湖盆的积水部分，体积大小不等。湖泊有着非常巨大的功能，可是现在有些湖泊里却没有了水，这是怎么回事呢？

其实，这是因为人们没有处理好环境与发展的关系，对湖泊的水系造成了致命的破坏。如在流域内大规模地砍伐树木，垦荒种田，造成水的来源减少，使用增加。时间一长，湖泊自然就干涸了。

所以，我们一定要与大自然和谐相处，尽量不去破坏地球的生态环境。

轻松考考你

你知道我国最大的淡水湖叫什么名字吗？

为什么会发生洪水？

洪水会冲毁房屋、良田，破坏我们美好的家园，真可怕呀！可为什么会发生洪水呢？

洪水一般多在雨季发生，比如夏天和秋天，就是洪水的多发期。在这两个季节里，雨水“哗哗”地下个不停，时间越长，流入江河的水也就越多。如果短时间内有大量的水流入江河，江河一下容不了这么多的水，河道又不顺畅，水就会猛涨。

当水流超过江河的最大输送量时，就会发生洪水。

轻松考考你

为什么河道狭窄和河底不通畅的河流更容易发洪水呢？

为什么死海淹不死人？

你知道吗？世界上有一个淹不死人的海，它的名字叫死海。

死海是一个咸水湖，位于巴勒斯坦和约旦的交界处。因为水中没有鱼虾水草，岸边也寸草不生，所以人们才给它取了这么一个名字。你别看它的名字吓人，不会游泳的人在死海里也不用担心被淹死。这是怎么回事呢？

原来，死海的海水里含有大量的矿物质盐类，含盐量比一般海水高出 7 倍多，水的比重已经超过了人体的比重，因此死海的浮力非常大，人在死海里会自然浮起来，不用担心被淹死。

轻松考考你

水里的含盐量高，浮力就会变大，那么水里的含糖量高，浮力会不会变大呢？

为什么说长江是我国的第一大河？

长江和黄河是我国的两条大河，其中，长江更是有“中国第一大河”的称号。为什么要把这个称号授予它呢？

长江发源于我国青海省唐古拉山主峰——各拉丹冬西南侧的冰川，沿途要流经 11 个省（市、区），全长 6300 多千米。

不仅如此，长江每年流入东海的水量是 1 万亿立方米，占全国河流入海量的 1/3。长江这样长、这样大，因此，说长江是我国的第一大河，一点也不夸张。

世界真奇妙

世界第一长河是埃及的尼罗河。

长江也是我国的黄金水道，带动着从重庆到上海的沿河经济。

为什么黄河的水是黄色的？

别的河都清澈见底，为什么黄河的河水却是黄色的呢？

黄河在中国有着特殊的象征意义，它是中华民族的发源地之一。黄河水里含有许多泥土和黄沙。一些大石头被风刮到江河里，经过常年冲刷，变成了泥土和黄沙。下雨的时候，雨水也会把两岸黄土高原上的黄沙冲进江河里。

由于黄土高原的土质又松又厚又黄，而且缺少草木的庇护，雨水冲刷后夹着大量泥沙流入黄河，使它的含沙量达到37kg/m，水自然就浑浊了。如果我们在黄河流域植树造林，保护当地的环境，黄河也会变得清澈的。

轻松考考你

在中国的地图上有两条标注明显的河流，一条是黄河，还有一条河流是什么呢？

轻松考考你

为什么高速公路会在雾天关闭？

雾是怎样形成的？

雾是我们常见的一种自然现象。起雾时，能见度降低，我们会看不清眼前的东西。那么，雾是怎么形成的呢？

原来，由于白天被阳光长时间照射，地面上的空气就会变热。到了晚上，气温下降，靠近地面的潮湿空气含水汽的能力就会渐渐变小，其中一部分水汽凝结成小水滴，就在地面形成了雾。光线照到这些小水珠上时，不能通过它们，于是我们就看不清眼前的东西了。通常起雾之后，会是一个晴朗的天气。

轻松考考你

煤燃烧的时候，有什么特殊的气味吗？

煤是哪里来的？

煤在我们的日常生活中可是起着巨大的作用呢。我们可以用它来取暖，以前的轮船和火车也需要它来当燃料。那么，煤是从哪里来的呢？

在很久以前，地球上到处都是茂密高大的植物，森林覆盖着整个大地，后来由于地壳运动，这些植物被埋在了地底下，长期的高温和压力的作用使它们变黑、变硬，在长时间的碳化后形成了煤。

所以说，煤是植物长期在高温高压下形成的一种产物。

风是怎么产生的呢?

天气炎热的晚上，大家都喜欢到户外乘凉，吹一吹清爽的凉风。大家会觉得奇怪，这风是怎么来的呢?

原来，在我们所生活的地球上，太阳直射或者接近直射的地方热，太阳斜射的地方冷。热的地方空气轻，会往上升，而冷的地方的空气就会流过来补充热空气流走以后空下来的地方。

这样一来，由于气压分布不均匀，空气流来流去，就形成了风。而风的运动也可以产生很强的力，风车就是利用风力运动的机械。

轻松考考你

电风扇扇出来的风和自然风有什么不同呢?

为什么风一阵大一阵小？

清凉的微风能让我们感到凉爽，强烈的大风却会给我们的生活带来很多的危害。风为什么会一阵大一阵小呢？

这是因为空气的流动是带有大大小小旋涡的不规则运动，空气流动的速度不同，就会使旋涡的位置不断地发生变化。空气流动得慢，形成的风就小，吹在身上就会很舒服；空气流动得快，形成的风就大，则给人类的生产、生活带来诸多不便。

世界真奇妙

风根据速度，一共划分了13个等级。微风可以吹动我们的头发，而强风则可以吹倒大树。

四大洋的水从哪里来？

你听说过四大洋吗？你知道四大洋的水是从哪里来的吗？

几亿年前，从地球内部喷出的大量气体、水蒸气凝聚在空中，水蒸气遇冷后，和灰尘凝结在一起，形成暴雨降落下来，并在原始的地壳低凹处汇集起来，就形成了地球上最初的海洋。

同时，陆地上的河流全部往低处流去，也为海洋的形成注入了水源。经过不断地变化，四大洋的水越聚越多，就成了今天这个样子。

世界真奇妙

四大洋是指：太平洋、大西洋、印度洋和北冰洋。四大洋的面积约占地球面积的70%呢。

为什么海水是蓝色的？

去过海边的小朋友们一定记得一望无际的大海吧？蓝蓝的海水是不是让你难以忘怀呢？不过，如果你用杯子去盛一杯海水来看的话，就会发现海水其实和淡水一样，都是无色透明的。那么，为什么海水会泛蓝呢？

这是因为太阳光照到大海上时，海水把太阳光中的红色和橙色等光线全部吸收进去了，只有蓝色的光线被反射出来。所以，当我们放眼看大海的时候，在视觉上就会呈现出蓝色来。

轻松考考你

你知道黑海的海水是什么颜色吗？

轻松考考你

除了红海，你还知道哪些海是由颜色来命名的？

为什么大海颜色不全是蓝色？

大家都看过蓝色的大海，可你看过其他颜色的海水吗？其实，海水还有红、黄、白、黑等颜色。小朋友们一定会觉得很奇怪，为什么会出现这么多种颜色的海水呢？

这都是由于海水的光学性质、外界条件以及海水里所含的杂质造成的。比如在墨西哥有一个红海，因为海里生长着许多红色的藻类，这才使得海水发红了。

轻松考考你

海面上的风为什么常常比陆地上的风大呢？

为什么海面会有波浪？

大海真是个美丽而奇妙的地方，它和江河最大的区别，除了咸咸的海水之外，最特别的就是海面上会有连绵不断的波浪。海浪翻滚着冲到沙滩上，又慢慢退回大海，真是神奇极了。那么，大海的海面上为什么会有波浪呢？

其实，海水本身并不会产生波浪。波浪是海水的一种运动。海水受到风力、海底地震或月亮、太阳吸引力的影响，才会发生波浪风力，它对海的波浪影响最大。通常天气预报中常会讲到风力是多少，浪高是多少，而浪高又是随着风力变化而变化的。

海底是平坦的吗？

海洋占地球表面的71%，海洋里蕴藏着丰富的矿产，是非常重要的资源。那么，浩瀚的海底世界是什么样子的呢？它是不是也像海面一样平坦呢？

其实，海底和陆地一样，也有各种各样的地形地貌。海底一样有高高低低的山，而最高的山就是高出海面的岛屿。

不仅如此，海底还有峡谷、海沟、火山、平原和丘陵等地貌。海底的生物就像陆地上的生物一样，生活在一个非常有趣的世界里。

轻松考考你

海底的火山会喷发吗？

海底有山吗？

大海风平浪静的时候，就像镜子一样平静，可在海底世界，却有着另一番景象。你一定不知道，海底和陆地一样，有着各式各样的地势。山脉、峡谷、盆地等地形在这里都可以看到。

海底的山也有很多，仅太平洋的“海山”就有 2000 多座，它们大都分布在距离海面 4~5 千米深的海底，一般高度在 1000 米以上。这些海山，大多数是海底火山，或者是沉降火山岛。

轻松考考你

海底的山和陆地上的山有什么不同吗？

轻松考考你

你知道多吃海带的好处吗？

为什么海水不能喝？

地球上大部分地方都是海洋，可是海洋里的海水却不能喝。这不仅是因为它的味道又咸又涩，更重要的是海水里含有很多没有经过加工、不能食用的盐类和其他化学物质，喝了以后会对人体产生不利的影响。

海水不但不能喝，也不能用，要想利用它，就必须想办法把海水里的盐和其他化学物质分离出来。如果能把大量海水淡化、净化，人类将要面临的淡水危机也就迎刃而解了。用海水晒成或者熬成的盐，可是我们生活中主要的食用盐哦。

为什么海水是咸的?

大家都喜欢蔚蓝的大海，喜欢在蓝幽幽的海水里自由地玩耍，享受愉快的时光。可是，如果你不小心喝下一口海水，那可就是一件非常痛苦的事了。因为海水非常咸，喝一口就会让你难受很久。

其实，海水的咸味还是从陆地上带去的呢。陆地上岩石中的盐分被雨水一点一点地融化后，随着江河流入大海，在大海中不断沉淀，使得海水里含盐量很高，海水自然就变咸了。

世界真奇妙

将少许海水留在一张黑纸上，让风吹干，就可以看见留在纸上的盐了。如果把全世界海水里的盐都提取出来，可以在整个地球表面铺50米厚呢。

轻松考考你

内陆地区会刮台风吗？

台风是怎么形成的？

住在沿海地区的小朋友们，一定都见识过台风的威力吧？台风会给我们的生产生活带来巨大的灾难：阻断交通，中断通讯，摧毁建筑……想要减少台风的危害，我们就必须先知道台风是怎么产生的。台风之所以发生在沿海地区，是因为热带海上的温度特别高，海水很容易蒸发，形成很多水蒸气。水蒸气不断上升，有时会产生猛烈的空气旋涡，它们一边快速旋转，一边以极快的速度向前跑，就形成了热带风暴。

风力超过 12 级的热带风暴，就是台风。而比台风更厉害的龙卷风是一种风力更强、范围很小的空气旋涡，破坏力比台风更大。

涨潮和落潮是怎么发生的?

住在大海边的小朋友们一定知道涨潮和落潮。早晨，潮水会上涨，而到了傍晚，潮水则会回落，海水好像一会儿多一会儿少似的。为什么会发生这么有趣的现象呢?

其实，这都是太阳和月亮对地球的巨大引力造成的。正是由于这种引力，地球上的海水水位才会每天定时出现两次涨落，人们把这种现象称为潮汐。而落潮以后，可以在海边拾到很多珍奇的海洋生物，贝壳是其中之一。

世界真奇妙

浙江省的钱塘江入海口，自古都是观潮的好地方。

喜马拉雅山曾是海洋吗？

喜马拉雅山脉是世界上最高的山脉，在它的最高峰——珠穆朗玛峰海拔3500~5500米的地方，人们发现了腕足贝和三叶虫等化石，这些都证明了喜马拉雅山地区在古生代至中生代时期，曾是一片海洋。

在两三亿年前，由于地球的地壳运动，我国的东南面出现了平地，西北面则出现了高山，而喜马拉雅山就是在这次地壳运动中升起来的。

轻松考考你

除了喜马拉雅山脉，你还知道哪些著名的山脉呢？

为什么会有白天和黑夜？

小朋友们一定都会很好奇，为什么会有白天和黑夜呢？

这是因为地球除了绕着太阳公转之外，自己本身也在不停地运转，科学家们把这种情况叫做自转。

当地球进行自转时，总有一面朝向太阳，而另一面则背向太阳。朝向太阳一面是亮的，就是白天；背向太阳的一面是暗的，就是黑夜。

白天和黑夜就是这样形成的。在春分和秋分这两天中，地球上所有地方的白天和黑夜的时间是均等的。

轻松考考你

一年中，白天和黑夜的时间是一样长的吗？

世界真奇妙

大气层按物理性质可分为对流层、平流层、中层、热层和外层等好几个层次呢。

天空有多高？

小朋友们都放过风筝吧？风筝在天上飞呀飞呀，多好玩啊。不过，风筝飞得再高，也飞不出天空，那么，天空究竟有多高呢？

事实上，我们看到的天空其实是地球的大气层，大气层有多厚天就有多高。大气层的厚度总共有 2000~3000 千米，也就是说天有 2000~3000 千米高。离地面 10~12 千米以内的空气，叫对流层。越往高处，空气就会越稀薄。到了 500 千米以上的外大气层，空气就更少了。所以我们站在高山上时，会感觉呼吸比较困难，这是因为高山上的含氧量要低于平原地区。

天空为什么是蓝色的？

蓝蓝的天上白云飘，白云下面马儿跑。蓝蓝的天空就像一块美丽的宝石，可天空为什么是蓝色的呢？

原来，天空中有一层很厚的空气，透明的空气原本是没有颜色的，由于太阳光照射到大气上，遇到了大气中的灰尘和水汽，这样一来，太阳光中蓝色的光线就向四面八方散射，于是天空看上去就是蓝色的了。

世界真奇妙

越是干净清新的地方，天空的颜色就越蓝哦。下雨之前的天空不是蓝色的，而是乌黑的。

世界真奇妙

如果天空中的乌云增多，就会下雨。

天空中的云颜色为什么会不同？

天上的云彩可真好看，有的白得像雪，有的红得似火，云为什么会有这么多种颜色呢？

其实，云是透明无色的。水蒸气上升到空中，遇到高空的冷空气，便会凝结成小水珠，漂浮于空中形成云。云的厚度是不一样的，云层薄，被太阳照射以后看起来就是白云，云层越厚，颜色就越暗。乌云就是又厚又浓的云，层层叠叠地把太阳遮住了，看起来就是乌黑的。

现在你知道了吧？云的厚度不一，太阳照射的角度不同，就使它呈现不同的颜色。

为什么冬季天气会变寒冷呢？

小朋友们一定都有感觉，在我们居住的北半球，夏季非常炎热，冬季又会变得非常寒冷。同一个地方，为什么天气会变得寒冷呢？

地球上气候的冷热变化，和太阳光照射在地面上热量的多少有着直接的关系。

地球是一个大圆球，它一方面绕着地轴自转，一面又绕着太阳公转。到了冬季，赤道偏离，太阳射至南回归线，我们住的地方随地球做着相对运动，距离太阳更远，太阳辐射到地面的热量最少，所以气温就下降了。

轻松考考你

天气冷了，妈妈一定为你准备了许多保暖的用品，能说说它们各自的用处吗？

轻松考考你

你知道云是怎么形成的吗?

为什么云能浮在空中?

天空可真奇妙，有太阳，有月亮，有星星，还有那么多洁白的像棉花糖一样的云彩，轻飘飘地浮在天空中。大家一定觉得很奇怪，为什么云能浮在空中呢?

其实，云是由许许多多细小的小水滴和小冰晶组成的。它们的重量非常轻，在一般情况下，下降的速度特别慢，空中上升的空气很容易就能把它们托住。

所以，云就浮在空中了。云的颜色变深变黑，是因为聚集的小水滴和小冰晶太多，太阳光产生折射形成的。

雨是从哪里来的？

雨是从哪里来的？小朋友们一定会说，雨当然是从天上来的啦，那你们知道天上为什么会下雨吗？

大地上的水被太阳蒸发以后，变成水蒸气升入空中。水蒸气越往上升，气温就越低，于是空中的水蒸气凝结成水滴或冰晶，而且越聚越多，形成乌云。

当空气承受不住乌云的重量时，它们就不能再悬浮在空中了，于是便纷纷落到地面上，形成了雨。

轻松考考你

下雨时，出门应该做哪些准备呢？

轻松考考你

你知道冰雪节在我国的哪个城市举办吗？

雪花是怎么形成的？

漫天飞舞的雪花可真迷人呀，它们就像一群可爱的小精灵，从天而降。那么，雪花是怎么形成的呢？

天空中除了水滴外，还有很多冰晶。当上升的空气托不住这些冰晶时，它们就会向地面飘落下来。冬季是个寒冷的季节，地面温度往往在0℃以下，所以云层里的很多冰晶落下来以后，就不会再融化了，而这些直接从天而降的冰晶就是雪花。

雪为什么是白色的？

我们都已经知道了，洁白的雪是由非常细小的冰晶组成的。可是，冰是无色透明的，为什么雪看起来却是白色的呢？

其实，这是光线照射方式改变造成的。光线通过平整光滑的冰块时是平稳的，所以没有颜色。雪的表面其实非常不光滑，而且面积非常小，所以当光线通过时，在它的表面产生了反射或者折射现象，于是雪就呈现出了白色。

轻松考考你

我们能在镜子里看见自己的影像，这是反射现象还是折射现象呢？

轻松考考你

雪花通常是六角形的白色晶体。你知道“雪中送炭”这句成语的含义吗？

雪干净吗？

有的小朋友看到晶莹剔透的雪，就以为它是干净的，其实这是错误的。

虽然雪是由水蒸气凝结而成的，但是，在它从天空飘落的过程中，大气中的许多尘埃和细菌会趁机依附到它的身上，所以雪只是看上去干净洁白，而事实上它却是很脏的。

因此，小朋友们千万别把雪放在嘴里吃着玩，既凉又脏的雪是会让我们生病的。

为什么先看到闪电后听到雷声？

闪电是一块云接近地面物体或者带阴电、阳电的两块云相互接近时产生的放电现象。

闪电和雷大家都不会陌生，在春、夏、秋三季，常常会下雷阵雨。在打雷之前，天空总会先出现明晃晃的闪电，然后才会传来轰隆隆的雷声。为什么会出现这种情况呢？

这是因为光和声音的传播速度不一样。虽然它们是同时发出的，但是光波的传播速度非常快，每秒可以达到 30 万千米，而声波在 15℃的空气中，速度只能达到 340 米 / 秒。显然，光速比声速要快得多。所以我们才会先看见闪电，后听到雷声。

轻松考考你

打雷的时候，可以到大树下躲避吗？

世界真奇妙

用玻璃在阳光下选择适当的角度，也可以看到反射出的彩光。

为什么夏天雨后天空中会出现彩虹？

夏天雨后，天空中有时会出现美丽的彩虹，就像是谁画的一样。而这位杰出的画家就是大自然。

下过雨后，天空中会有很多小水滴。当太阳出来以后，强烈的太阳光照射到小水滴上，小水滴经过太阳光照，发生折射和反射作用，把太阳光中的红、橙、黄、绿、青、蓝、紫七种颜色的光分解出来，于是就形成了我们看见的彩虹。

世界真奇妙

紫外线会引起皮肤癌和白内障，破坏海洋生态平衡。

工厂、汽车等排放出大量的有害气体，都是破坏臭氧层的元凶。

为什么臭氧层那么重要？

臭氧的名字听起来怪怪的，其实它是一种无色而有特殊臭味的气体。在距地面 30 千米左右的大气层里，组成了臭氧层。

你可别小看了臭氧层，它能阻挡来自阳光中对人类和地球环境有害的紫外线，是保护地球生物的天然屏障。一旦臭氧层遭到破坏，大量紫外线便会长驱直入，危害到人类和地球上的其他生物。

所以，臭氧层对地球来说是十分重要的。

为什么植物的花颜色不一？

花园里五彩缤纷的鲜花，真是太漂亮了！为什么鲜花会是五颜六色的呢？这是因为不同的植物中含有不同的色素，在植物的叶子中含有大量的叶绿素，在许多与杂草交杂在一起的植物的花瓣上就含有绿色条纹。胡萝卜素和叶黄素是植物界的第二大颜色，它们千变万化，变成了各种各样的颜色，黄、橙、红、紫、蓝……非常漂亮，所以我们平时看到的花才会是五颜六色的。

世界真奇妙

茜草是一种可以做染料的天然植物，绫罗绸缎中的红色就是靠它染成的哦。

为什么没有纯白色的花？

花瓣的色素有胡萝卜素、英黄酮和花青素，它们能使花呈现出红、橙、黄、粉红、紫色等各种鲜艳的颜色。

白色花瓣中具有一种近似于无色的淡黄色的黄酮类物质，将这种物质溶于水，得到的不是白色液体，而是一种无色的透明液体。所以，白色花瓣并不是白色的，而是近似于无色的淡黄色，我们用肉眼是分辨不出来的。因此，从本质上说，没有纯白色的花。

轻松考考你

如果把植物的叶子摘掉，花儿还能存活吗？

为什么花有香味？

因为这些植物的花朵中有制造香味的工厂——油细胞。油细胞通过油管，会不断地分泌出具有香气的芳香油来。经过太阳的照射，这种芳香油特别容易随水分挥发，不断在空气中传播开，所以我们会感到香气四溢。其实，并不是所有的花都有香气，有的花没有香味，甚至什么味也没有，如玉米的花；还有的花，如板栗花，开花时会发出难闻的臭气，却能结出好吃的果实。

世界真奇妙

有一种开金黄色花的植物叫“看林人”。它的花朵和茎叶中饱含着挥发性很强的芳香油。当空气干燥而且气温升高到一定程度时，芳香油便会着火，还有可能引起森林大火。

为什么有的花香，有的花不香？

每当鲜花盛开的季节，花园的空气中都会弥漫着花的芳香，吸引着人们来观赏，昆虫也来传粉采蜜。但并不是所有的花都有香味。为什么有的花有香味，有的花没有呢？一般来说，依靠昆虫传授花粉的花有香味，依靠风传授花粉的花没有香味。芳香油容易挥发，扩散到空气中，人和昆虫就能闻到香味。不同的花，含的芳香油不一样，散发出来的香味也不同。花的颜色越浅，香味越浓；颜色越深，香味越淡。

世界真奇妙

世界上最大的花叫阿诺尔特大花，又名大王花。花的直径达1米，生长在印度尼西亚苏门答腊热带森林中。

为什么花不全在春天开放？

由于对温度的要求各不一样，有的花适合在气候温暖的季节开放；有的不畏惧寒冷，可以抵抗霜冻，在寒冷的季节开放；有的又介于两者之间，所以开花的时间就不一样了。

春天温暖的气候，更适合大多数鲜花开放。在自然条件下，要鲜花在春天同时开放是不可能的，但现在人类已经能够在小范围（如温室）内制造各种气候条件，只要给鲜花提供适宜的温度，不同季节的鲜花也有可能一齐开放呢。

世界真奇妙

春天和爸爸妈妈一起去郊游吧，你会看到许多美丽的花朵，如桃花、梨花、杏花等。

花粉有什么用？

花粉是植物繁殖的重要物质，每个粉粒里都有一个生殖细胞。花粉中含有大量的蛋白质、矿物质、糖以及22种氨基酸和多种维生素，是很好的营养品，可以增加体力和免疫能力，有保健大脑、治疗神经衰弱的功效。我们吃的花粉，是蜜蜂采集玉米、高粱、油菜、向日葵、柳树、荆条、紫云英等植物里的花粉。

世界真奇妙

工蜂后足上由硬毛围成用来携带花粉的器官有一个很形象的名字，叫花粉篮。

世界真奇妙

雄花自己不会结果，如果有蜜蜂、蝴蝶从雄花中把花粉传授给雌花，也可以孕育出果实。

为什么有的花不结果？

任何植物，从开花到结果都必须经过受精的过程。如果植物开花后，没有花粉受精，花就不能发育成果实。

果树和人一样，有雄雌之分。雌花是只有雌蕊的单性花，雌蕊有能发育成果实的子房。没有雌蕊的雄花自然不会结果，所以花期一过就会枯萎脱落。比如夹竹桃，虽然它的花很好看，但是在进化过程中，夹竹桃花的雌蕊已经退化，只有雄蕊，不能授粉受精，自然也就不能结果了。

为什么有的植物先开花后长叶?

植物是先开花还是先长叶，直接取决于花芽或叶芽对生长温度的要求。春天开花的树木，它们的各部分细胞都在头一年的秋天已经成形了。到了春天，各部分的细胞就会很快分裂成长起来。当温度到达叶芽和花芽成长的要求时，叶芽和花芽就会同时生长开放。如果花芽生长所需的温度比较低，而叶芽要求的温度比较高，那么初春的温度只能满足花芽的生长需要。因此，花芽长出来时，叶芽还潜伏着，要等到温度进一步升高，才能长出叶片。

轻松考考你

春天来临时，桃树的叶子和花是不是一起生长和开放的呢?

世界真奇妙

即使在白天，只要下过雨，也能闻见夜来香清幽的花香。夜来香的花冠呈很独特的筒状。

为什么夜来香在晚上特别香？

很多植物都是依靠昆虫传授花粉，进而进行繁殖。它们在进化的过程中，都尽量使自己的生长习性适于昆虫的活动。夜来香主要是靠飞蛾传粉，它花瓣上的气孔有个特点：一旦周围空气的湿度变大，气孔张得越大，散发出来的芳香油就越多。夜间气温低，空气湿度大，适合释放芳香油。所以，在黑夜里，夜来香就凭借自己散发出来的强烈的香气吸引飞蛾造访，为自己传授花粉。

为什么水仙在水里也能开花？

在自然界中，绝大多数植物都依靠土壤生长，由根从土壤中吸收水分和养料，供植物生长需要。

水仙花能在水盆里存活，而且还能开花，这主要是因为它那像洋葱一样的鳞茎能提供营养。鳞茎是在土壤里培育出来的，它里面贮藏着大量养料，完全可以满足水仙开花时所需要的营养。

因此，没有土壤，水仙照样可以开花。

轻松考考你

1.水仙花是在什么季节开放的呢？

2.为什么人们要把水仙称为“凌波仙子”呢？

为什么向日葵总跟着太阳转？

在向日葵的茎部，有一种奇妙的植物生长素，它具有两个特点：一是遇到光线照射时，背光部分的生长素会比向光部分生长得多；二是生长素能够刺激细胞的生长，加快细胞分裂、刺激细胞繁殖。因此向日葵背光一面比向光一面生长得快，结果使得整个花盘重量失衡，朝向太阳弯曲。

随着太阳在空中移动，生长素也跟着阳光生长，就使人们形成了一种向日葵总跟着太阳旋转的错觉。

世界真奇妙

人们喜爱的零食——瓜子，就是向日葵的种子——葵花子经过制作得来的。

为什么芙蓉又叫木芙蓉？

在古代，芙蓉原是莲花的别名，现在它已成为植物界锦葵科灌木或小乔木的专用名词。为了与古代叫法上有所区别，人们就把它叫做木芙蓉，因此，才有木芙蓉和水芙蓉的说法。木芙蓉树高 2~5 米，枝干丛生，茎有柔毛，叶互生，花单生在枝端。最著名的芙蓉是“三醉芙蓉”，因它早晨初开花是白色，中午变成桃色，傍晚却是紫红色而得名。

世界真奇妙

1.木芙蓉在我国种植很普遍。到了每年深秋，芙蓉花盛开在四川成都街头巷尾，整座城市繁花似锦，因此得名“蓉城”。

2.有一种异色芙蓉，它开花后，花朵会渐渐改变颜色，第一天白色，第二天黄色，第三天红色，第四天紫红色……到了花谢之时，它又变成了紫褐色。

为什么含羞草怕羞?

含羞草是一种很有趣的草。如果用手指轻轻碰一下，它的叶片马上就会合拢、低垂下来，像是害羞的姑娘，过一会儿才会恢复原来的样子。为什么会这样呢?原来含羞草的叶柄下有一个比较膨大的部分，叫“叶枕”，里面含有充足的水分，它对刺激反应最为敏感。当你用手触摸它的叶子时，叶枕中的水分马上挤向两边，整个叶柄便下垂了。含羞草在雨天或刮风时，叶子也会垂下来；而当风雨过后，叶子又会慢慢恢复原形。这是含羞草的一种自我保护本领。

世界真奇妙

含羞草如果闭合快，张开还原慢，预示着天气将晴朗；反之，如果闭合慢，张开还原快，则说明天气将转阴雨。

为什么下午采不到牵牛花？

夏天的早晨，小朋友们可以看到一朵朵开放的牵牛花，就像一支支小喇叭挂在藤蔓上，非常好看。可是，到了中午，牵牛花就蔫了；一到下午，牵牛花就完全闭合了。这是为什么呢？

原来，所有的植物为适应环境，都有自己的生活规律。牵牛花开花的周期比较短。清晨，气温不高，阳光柔和，适合牵牛花开花。到中午，阳光强烈，气温逐渐升高，牵牛花失去水分，慢慢就蔫了，自然采不到了。

轻松考考你

你知道牵牛花还有一个名字叫什么吗？

世界真奇妙

王莲，原产于南美洲。每年八月份开花，花形与莲花相似，花朵和巨大的叶子漂浮在水面上，宁静而美丽。

王莲的叶子上能坐人吗？

普通莲花的叶子只有脸盆那么大，而王莲的叶子直径一般在 2 米左右，有些能达到 4 米。有人做过实验，在一张王莲叶子上加载 75 公斤的物体，叶子不会沉下水去，如果坐上一个 35 公斤的小孩，丝毫没有问题。它那粗壮叶脉构成的骨架呈弯曲的弧形，具有较强的载重能力，叶子的边翻卷成箩筛的形状，阻挡了水向叶面蔓延。

为什么蒲公英毛茸茸的？

每当初春来临，蒲公英就会抽出花茎，在碧绿丛中绽开朵朵黄色的小花。蒲公英的花很特别，是很多小花簇拥在一起的，开花后每朵小花都会结出一颗种子，每颗种子上面又长着一簇白色的绒毛，所以整个看上去就是毛茸茸的，像白色的绒球一样。秋天，种子成熟后，就像一把把小小的降落伞，随风飘到新的地方安家落户。

轻松考考你

成熟的蒲公英种子会随着风吹到其他地方，生根发芽。你知道蒲公英有什么医用价值吗？

轻松考考你

1.你知道“习性”是什么意思吗？可以为它找一个同义词吗？

2.你对“昙花一现”这句成语熟悉吗？

为什么昙花都在晚上开花？

静悄悄的夜晚，宁静如水的月光下，一株昙花慢慢地开放了。为什么昙花在晚上开花呢？

这是因为昙花的家乡在干旱缺水的非洲和美洲墨西哥，那里的气候非常干燥炎热，如果昙花在白天开放，娇嫩的花朵很快就会被烈日晒干。而晚上没有烈日，气温阴凉，是最适合昙花开放的时间。昙花长期生活在这样干燥炎热的环境中，自然就形成了夜间开放的习性。

为什么玫瑰会有刺？

玫瑰有着娇艳的花朵和芬芳的气息，但它却浑身带刺，让人们不敢轻易靠近。美丽的玫瑰为什么会有刺呢？

其实玫瑰茎上的刺，是由植物的表皮毛和少数皮层细胞变形而成的“皮刺”。这些刺的外形与叶刺、茎刺很像，但实际上完全不一样。它们与茎的内部毫无关系，生长的位置也很混乱，而且很容易剥离，剥离后的断面也很光滑。玫瑰长刺是为了保护自己，避免动物把它们吃掉。

轻松考考你

有一种花的外形和玫瑰非常相似，你知道那是什么花吗？